Diana Handa

Compreender os pormenores estruturais das escamas em Catla catla

Diana Handa

Compreender os pormenores estruturais das escamas em Catla catla

ScienciaScripts

Imprint

Cover image: www.ingimage.com

This book is a translation from the original published under ISBN 978-3-659-85581-8.

Publisher:
Sciencia Scripts
is a trademark of
Dodo Books Indian Ocean Ltd. and OmniScriptum S.R.L publishing group

120 High Road, East Finchley, London, N2 9ED, United Kingdom
Str. Armeneasca 28/1, office 1, Chisinau MD-2012, Republic of Moldova, Europe
Managing Directors: Ieva Konstantinova, Victoria Ursu
info@omniscriptum.com

Printed at: see last page
ISBN: 978-620-8-51150-0

Índice:

COMPREENDER OS PORMENORES ESTRUTURAIS DAS ESCAMAS EM *CATLA*

Diana Handa

DEPARTAMENTO DE ZOOLOGIA
UNIVERSIDADE GURU NANAK DEV
AMRITSAR-143005
ÍNDIA

Agradecimentos

Aproveito a oportunidade para expressar os meus mais sinceros agradecimentos ao "Todo-Poderoso" por ter derramado os seus cuidados e bênçãos ao longo do trabalho de dissertação.

Sinto-me imensamente privilegiado ao exprimir a minha sincera gratidão ao meu venerado orientador, Dr. Anish Dua, Diretor do Departamento de Zoologia, e a outros membros do corpo docente pela sua inestimável orientação e atitude útil.

Agradeço sinceramente aos meus amigos, especialmente a Bharat, Rohit, Madhu, Gulshan, Eena, Geetu e Rayees, que me ajudaram no meu trabalho.

A ajuda prestada por Subhash Sharma na elaboração da tese é altamente reconhecida.

Por último, estou em dívida para com os meus venerados pais que me motivaram a dar o melhor de mim e que estão sempre comigo.

Diana Handa

RESUMO

As escamas de *C. catla*, depois de examinadas ao "Dokumator" e ao estereomicroscópio, revelaram ser grandes escamas ciclóides. O foco observado é nítido e situa-se no campo anterior da escama. Observa-se uma marca larvar distinta e os círculos são quase concêntricos. Foram observadas algumas bifurcações no campo anterior.

A margem anterior da escama parece dentada devido à presença de um maior número de raios. São observados os três raios. A abundância de raios está presente no campo posterior e depois no campo anterior. Os raios do campo lateral são escassos. Também se observam raios incompletos. A largura do canal interradial não é uniforme. Observam-se 5-6 círculos quebrados na zona anular de *C. catla*. O campo posterior das escamas é caracterizado por uma abundância de cromatóforos, especialmente melanóforos. Foram observados tubérculos de várias formas, como pequenos, circulares, alongados e multilobados. Na escama da linha lateral, o canal da linha lateral é observado no centro. A extremidade anterior do canal abre-se na área desnudada. Os círculos são quebrados na área desnudada e retomam a sua forma após alguma distância. Observa-se um poro mucoso na extremidade posterior do canal.

As escamas regeneradas têm focos desorganizados, círculos irregulares e falta de raios. Os cromatóforos são menos numerosos no campo posterior da escama. Estas são algumas das caraterísticas estruturais observadas nas escamas de *C. catla* que podem ser utilizadas por futuros trabalhadores na interpretação do crescimento e dos detalhes taxonómicos de *C. catla*

Capítulo 1

Introdução

A natureza dotou-nos de uma gama diversificada de recursos que ocorrem na arena de três habitats básicos, por exemplo, a terra, o ar e a água, e as massas de água são enriquecidas com um bem de vida de prestígio, *ou seja, o* peixe. O peixe é um dos grupos de animais mais importantes para o homem. Constitui o maior extrato de vida selvagem do mundo. O peixe é um alimento importante para o ser humano. Contém proteínas, vitaminas, gorduras essenciais e minerais que são essenciais para manter um ser humano em boa saúde. A piscicultura constitui a melhor alternativa para a diversificação da agricultura. A produção total de peixe na Índia compreende 55% do mar e 45% da água doce (Aggarwal e Johal, 2003). A Índia é rica em peixes de água doce , interiorcom cerca de 940 espécies conhecidas nos seus rios, lagos e estuários. Estas constituem cerca de 38% da ictiofauna indiana e têm um valor económico e científico considerável. Destas, cerca de 500 espécies são peixes primários de água doce, sendo cerca de 65% endémicas, enclausuradas nos dois pontos quentes da Índia, os Ocidentais Ghats e o Nordeste. Muitas destas espécies são exclusivas de certos troços dos vários rios, especialmente do curso superior, e muitas outras espécies novas estão a ser registadas nestas colinas florestadas.

Infelizmente, com o passar do tempo, as espécies animais e vegetais estão a desaparecer a um ritmo 1000 vezes superior ao que se verificava na era pré-humana. Os peixes estão também sujeitos a numerosas ameaças que conduzem à sua tendência para o declínio. As tendências de declínio das populações naturais de peixes resultam de resíduos industriais e agrícolas, da destruição do habitat natural, da sobre-exploração, do assoreamento e do aquecimento global induzido pelo homem. A necessidade atual é a realização de o conceito de utilização sustentável com uma exploração óptima deste importante recurso. Isto significa uma colheita judiciosa com um impacto negativo mínimo no ambiente e com uma contribuição promissora para o presente e para o futuro.

A determinação da idade da população de peixes é um instrumento importante na investigação no domínio das pescas. O conhecimento das caraterísticas etárias dos peixes é necessário para a avaliação das unidades populacionais e para a elaboração de planos de gestão ou conservação. O tamanho está geralmente associado à idade; no entanto, existem variações de tamanho em qualquer idade específica para a maioria das espécies de peixes, o que torna difícil estimar com precisão um a partir do outro (Helfman *et al.,* 1997). Assim, ajuda a compreender a composição da população de peixes no que diz respeito à classe etária e as classes que servem criticamente para a frustração dos stocks.

Aristóteles (340 a.C.) terá sido o primeiro cientista a especular sobre a utilização das partes duras dos peixes para determinar a idade, afirmando na *Histórica Animalium* que "a idade de um peixe escamoso pode ser determinada pelo tamanho e dureza das suas escamas". (Thompson, 1910). No entanto, só com o desenvolvimento do microscópio é que foram efectuados estudos mais detalhados sobre a estrutura das escamas (Jackson, 2007). Antonie van Leeuwenhoek desenvolveu lentes melhoradas que utilizou na sua criação de microscópios. Tinha um vasto leque de interesses, incluindo a estrutura das escamas de peixes como a enguia europeia (*Anguilla anguilla*) e a lota (*Lota lota*), espécies que anteriormente se pensava não terem escamas[5]. Observou que as escamas continham "linhas circulares" e que cada escama tinha o mesmo número de linhas, e inferiu corretamente que o número de linhas estava correlacionado com a idade do peixe. Também associou corretamente as áreas mais escuras do crescimento das escamas à estação de crescimento mais lento, uma caraterística que tinha observado anteriormente nos troncos das árvores. O trabalho de Leeuwenhoek não foi amplamente descoberto pelos investigadores da pesca, e a descoberta das estruturas de envelhecimento dos peixes é amplamente creditada a Hans Hederström (e.g., Ricker 1975). Hederström examinou as vértebras do lúcio (*Esox lucius*) e concluiu que cada uma delas continha anéis de crescimento que podiam ser utilizados para determinar a idade do peixe (Jackson, 2007). Em 1859, Robert Bell referiu que era possível utilizar estes anéis de crescimento para determinar de forma fiável a idade de todos os peixes, depois de examinar as vértebras do otário (*Catastomus sp.*) e as escamas da perca amarela (*Perca flavescens*) que criou num lago durante dois anos e que apresentavam "dois anéis ou círculos".

A decifração da estrutura etária de uma população constitui a base para o cálculo do crescimento individual que, por sua vez, permite o cálculo de outros parâmetros populacionais fundamentais para a análise e a gestão da pesca. Ajuda a estudar a taxa de crescimento dos peixes, o que conduz a uma avaliação eficaz e favorável do poder de sustentação das unidades populacionais na pesca, optimiza o tempo de captura e ajuda a analisar a longevidade e as taxas de mortalidade da população e o grau de tolerância aos predadores e ao stress ambiental.

O método mais utilizado para esta análise das partes duras, tais como escamas, otólitos, espinhas, vertebrados e ossos operculares (Bagenal e Tesch, 1978; Casselman, 1987; Casselman , 1990; Johal e Tandon 1996; Seshappa, 1999; Tandon e Johal; 2003 (a)). Os peixes não crescem ao mesmo ritmo ao longo de todo o ano; crescem mais rapidamente durante uma parte do ano (verão) e mais lentamente durante outras partes (inverno), o que corresponde ao crescimento mais rápido. Na margem exterior da sua estrutura óssea, o peixe deposita depósitos de cálcio, designados por circuli. No início da época de crescimento seguinte, formam-se novas circulações que cortam o crescimento anterior, formando assim uma zona denominada anel. Assim, o número de anéis reflecte a estrutura etária de uma população de peixes. Para diferentes espécies de peixes, são utilizadas diferentes estruturas para determinar as idades. Em geral, os anéis destas várias estruturas são visíveis num microscópio de baixa potência. Nalgumas espécies são utilizadas escamas. Nestas estruturas, as zonas de inverno aparecem como regiões onde as cristas da escama estão mais próximas umas das outras. As escamas são fáceis de recolher e podem ser impressas em plástico para serem conservadas a longo prazo. Se as escamas não puderem ser utilizadas, podem ser utilizados os otólitos (localizados no interior do crânio). Nos otólitos, a cor das zonas é diferente, resultando na alternância de bandas opacas e translúcidas. Alguns otólitos são suficientemente claros para que estas zonas possam ser vistas a partir da superfície do otólito e podem ser envelhecidos inteiros; caso contrário, o otólito tem de ser cortado em fatias finas para que as zonas possam ser vistas. Outras estruturas utilizadas para o envelhecimento são as vértebras ou os raios das barbatanas. A formação de falsos anéis nas escamas pode ser causada por acontecimentos invulgares. Exemplos disso são temperaturas extremas da água, ferimentos ou qualquer outro stress que provoque a paragem do crescimento durante um período de tempo durante a estação de crescimento normal. Os falsos anéis podem ter um aspeto muito semelhante ao dos anéis verdadeiros, mas muitas vezes "atravessam" apenas um lado da escama ou não são evidentes em todas as escamas de um determinado peixe.

A escolha da estrutura etária para uma espécie depende da estrutura que reflecte com maior exatidão a verdadeira idade do peixe, que apresenta as zonas mais claras e que possui o método de preparação mais rentável. Para cada espécie, é efectuado um estudo de validação para demonstrar que a estrutura escolhida produz idades exactas. Isto implica a determinação da posição do primeiro anel e a prova de que as zonas são estabelecidas exatamente uma vez por ano. As técnicas de validação comuns incluem estudos de marcação/recaptura, incluindo a marcação com oxitetraciclina ou outros produtos químicos, cálculo retroativo, análise do incremento marginal e análise radiométrica/isótopo

De entre as várias estruturas, as escamas são a parte dura de eleição para a determinação da idade. Na literatura sobre peixes, o termo "escama" é frequentemente utilizado como um termo generalizado para todos os elementos esqueléticos duros, geralmente achatados, encontrados na pele dos vertebrados aquáticos. As escamas começam a formar-se quando o peixe tem cerca de 2,5 cm de comprimento. O número de escamas que cobrem o corpo permanece constante ao longo da vida e, em geral, o crescimento das escamas é proporcional ao crescimento do peixe. À medida que as escamas crescem, formam-se círculos (cristas) no bordo. Estas incluem as escamas dos condropterígeos (escamas placóides), as escamas dos actinopterígeos basais (escamas ganoides), as escamas ósseas de alguns taxa de actinopterígeos (escamas ósseas dérmicas e escamas) e as escamas dos taxa de sarcopterígeos basais e da maioria das espécies de actinopterígeos (escamas elasmoides). Estas podem ser removidas de forma causal, sem lesões visíveis para o peixe capturado. Fácil visibilidade e interpretação do crescimento através de um simples instrumento "Dokumator". As escamas são uma escolha importante para analisar a estrutura etária e o aspeto da história de vida da população de peixes (Casselman, 1990, Tandon e Johal, 1996, 2003 a; Seshappa, 1999).

O presente trabalho trata do padrão de crescimento relacionado com a idade de um importante peixe comercial, *C. catla* (Hamilton) (Cypriniformes), que foi escolhido como material de estudo. *O Catla catla* é um peixe de cabeça grande e larga, com um maxilar inferior saliente e uma boca virada para cima. Tem escamas grandes e acinzentadas no lado dorsal e esbranquiçadas no ventre. É uma das espécies de água doce cultivadas em aquacultura mais importantes do Sul da Ásia. É cultivada em tanques de policultura com outros peixes semelhantes à carpa, nomeadamente com a *Labeo rohita* e *a Cirrhinus mrigala*. Os números de produção comunicados aumentaram acentuadamente durante a década de 2000, e era, em 2012, de cerca de 2,8 milhões de toneladas por ano. Trata-se de uma carpa indiana de crescimento rápido, formada em represas de água doce. Está distribuída por toda a Índia até ao rio Krishna, mas foi introduzida no sistema do rio Cauvery muito mais tarde. O seu nome comum é chepti. Theila, bocha, Thail, Bhakur it, etc.

Com esta revisão, vários trabalhadores estudaram escalas de idade e crescimento em *Tor putitora* (Johal e Tandon 1981); *C. catla* (Johal e Tandon 1983); *Cirrhina mrigala* (Johal e Tandon, 1983, 1987b); *Puntius*

Sarana (Tandon e Johal, 1983a); *Cyprinus Carpio* (Johal *et al*, 1984); *Labeo rohita* (Johal e Tandon, 1985); *Labeo calbasu* (Johal e Kingra, 1988; Tandon *et al.*, 1989b); *Labeo dero* (Tandon *et al.*, 1989a) e *Colisa fasciata* (Johal *et al.*, 1989). A descrição que se segue baseia-se principalmente nas escamas, sendo também feita referência à utilização de outras partes duras sempre que necessário.

Uma metodologia razoavelmente padronizada para a determinação da idade em peixes foi descrita por Mohr (1927, 1930 e 1934) e Graham (1929), através de trabalhos sobre este tópico iniciados no século XVIII (Bagenal e Tesch, 1978), Dahl (1909), Hederstrom (1959) e Ricker (1975) descreveram a história da determinação da idade e do crescimento em peixes. Rounsefell e Everhard (1953), Lagler (1956), Parrish (1956) e Chugunova (1963) descreveram a metodologia adoptada em estudos de tese.

Para além do papel estabelecido das escamas na avaliação da idade e do crescimento, o seu desenho esculpido contribui eficazmente para a identificação e classificação dos peixes. Os círculos, raios, ctenii e muitas outras caraterísticas importantes associadas às escamas têm sido utilizados com autenticidade para fins de classificação. (Agassiz, 1834; Chu, 1935; Kobayashi, 1951; Hughes, 1981; Hollander, 1986; Dicenzo e sellers, 1998; Bhatia e Dua, 2004a, b; Sharma *et al.*, 2005). As escamas regeneradas e as escamas da linha lateral também são importantes para a identificação de uma espécie (Dehamater *et al.*, 1972; Tandon e Sharma, Casselman *et al.*, 1986). Durante a sobrepopulação, ao passar através das macrófitas e ao esfregarem-se uns contra os outros durante o período de desova, algumas escamas são removidas ou perdidas. Como a escama actua como um órgão de proteção, bem como um mecanismo de defesa, uma nova escama aparece na área de onde a escama original foi removida/descarregada. Esta escama é designada por escama regenerada.

Assim, o presente estudo foi realizado com o objetivo de estudar

- Idade e crescimento dos peixes.
- Estrutura da escama -> Normal, linha lateral e regenerada.

Capítulo 2

REVISÃO DA LITERATURA

A literatura relativa à determinação da idade está diretamente relacionada com a invenção do microscópio. A primeira referência é de Leewenhoek (1696), o inventor do microscópio composto, que descreveu que na escama de peixe existem diferentes camadas e que cada camada representa um ano de vida. No entanto, as últimas três décadas do século XX foram importantes neste sentido devido aos avanços metodológicos. Escamas, opérculos, ossos vertebrais, frontais, raios das barbatanas, etc., têm sido utilizados com sucesso na determinação da idade em diferentes grupos de peixes. Por uma questão de conveniência, a história do assunto foi dividida em três partes diferentes

a) Trabalho efectuado no estrangeiro.

b) Trabalho efectuado na Índia.

c) Trabalho efectuado sobre *Catla catla.*

A ênfase é colocada principalmente nos peixes de água doce. No entanto, é também incluída uma referência essencial aos cinco peixes marinhos.

a) Trabalhos efectuados a bordo

Leuwenhoek (1696) fez a primeira tentativa não só de descrever as condições gerais e o modo de crescimento das escamas, mas também sugeriu que estas poderiam constituir um índice de idade. Reaumur (1716) apoiou-o e observou que as marcas nas escamas fornecem alguns indícios da sua taxa de crescimento. Em 1834, L. Agassiz publicou o seu famoso

"Recherches sur les Poissons Fossiles" e o desenvolvimento da anatomia das escamas como base para a classificação dos peixes foi muito acelerado. Robert Pell (1859) relatou em que o seu exame das escamas da perca amarela (Perca flavescens) e das vértebras do otário (Catastomus spp.) que tinha criado em lagos durante dois anos apresentava dois "anéis ou círculos" e concluiu que os anéis podiam ser utilizados para determinar a idade de todos os peixes. G. Hintze (1888) apresentou os resultados dos seus estudos sobre as escamas de carpas de idade conhecida, provenientes de tanques comerciais. Hintze apresentou ilustrações de escamas de carpas de 1 a 4 anos, mostrando claramente a adição de anéis, mas com uma interpretação errónea de um anel acessório nos peixes de 2 anos. Em 1873, Bsudelot apresentou um trabalho sobre a estrutura das escamas. Fez uma excelente revisão da literatura, fez observações exactas sobre a estrutura das escamas e apresentou muitas explicações satisfatórias para a sua formação. Hoffbauer (1898) estudou as escamas da carpa comum, *Cyprinus carpio*, de idade conhecida. É conhecido por ser o fundador desta importante linha de investigação na ciência da pesca. Hoffbauer observou cuidadosamente o desenvolvimento das escamas ao longo do ano, notando que, durante a época de crescimento, os anéis concêntricos marginais eram facilmente discerníveis e muito espaçados, mas que, à medida que o crescimento abrandava e, por fim, cessava durante o inverno, tornavam-se mais compactos, com uma renovação subsequente do padrão de círculos muito espaçados quando o crescimento recomeçava. Concluiu, corretamente, que as áreas mais escuras formadas por círculos bem dispostos durante o inverno podiam ser interpretadas como marcas anuais e, por conseguinte, utilizadas para envelhecer os peixes. Hoffbauer acompanhou a formação de anéis nas carpas até aos 3 anos de idade, tendo depois examinado os efeitos das condições ambientais no desenvolvimento das escamas. Entre os seus resultados, observou que as escamas das carpas subnutridas eram caracterizadas por anéis menos claramente definidos e mais estreitamente dispostos. Outras experiências confirmaram que o espaçamento dos anéis estava correlacionado com a taxa de crescimento dos peixes, com um crescimento rápido resultando em anéis mais espaçados. Os trabalhos posteriores de Hoffbauer incluíram a aplicação das suas novas técnicas ao peixe dourado (Carassius auratus), ao robalo (Micropterus salmoides), à perca europeia, ao lúcio e ao salmão (Salmo spp.). Thomson (1902), com base no seu trabalho sobre as escamas gobióide e pleuronectóide, concluiu que o crescimento é acentuado nos meses mais quentes e diminui durante o inverno, o que resulta na formação de marcas anuais (anéis). Segundo Dahl (1907), Smith (1895) foi o primeiro a observar uma relação entre o aparecimento das escamas e a idade dos arenques. Lea (1910) concluiu que, no arenque norueguês, era possível descrever a história do crescimento medindo as zonas de crescimento nas escamas. Obteve uma relação entre o comprimento e os raios para calcular a idade dos peixes.

Fraser (1916) fez a primeira tentativa de salientar que as escamas apareciam no corpo do peixe depois de este ter obtido um certo comprimento, o que é diferente em diferentes peixes. De acordo com Cutler (1918), a escassez de alimento e não a temperatura é responsável pela formação do anel. Hutton (1923) descreveu a marca de desova nas escamas do grayling. Graham (1926), Monastyrskii (1926, 1930) e Kler (1927) estudaram a existência de uma relação entre as taxas de crescimento. Vanoosten (1929, 1939) criticou o método das escamas ao explicar o crescimento do arenque. Robertson (1933) considerou as marcas de inverno válidas para a determinação da idade nalgumas espécies (escamas clupeoides). Hile (1942) preparou uma monografia sobre os cálculos retrospectivos. Deason e Hile (1947) estudaram o crescimento do Kiyi, do lago Michigan. Daget (1950) observou zonas concêntricas da camada de isopedina em escamas de polipetros do Níger. Perlmutter (1954) utilizou escamas e concluiu que, na zona de temperatura, a formação de anéis está relacionada com a redução da temperatura da água, acompanhada de uma diminuição da atividade do peixe. Olive (1955) trabalhou sobre o crescimento da carpa comum, *cyprinus carpio*, em águas interiores da Bohemea. Jensen e Clark (1958) estudaram o tempo de formação do anel nas escamas de Tune. Em (1961) Kramer e Smith, enquanto trabalhavam com o robalo Largemouth, e Regier (1962) explicaram que o método das escamas para o estudo da idade e do crescimento é um dos melhores métodos para o bluegill. Chugunova (1963) publicou um excelente livro intitulado "Study of age and growth in fishes". DeBont (1967) estudou alguns aspectos da idade e do crescimento dos peixes em águas tropicais e temperadas. Regier (1968) elaborou os pormenores da identificação dos anéis. Chirtravadivelu (1972) descreveu o crescimento e a mortalidade de *Alburnus alburnus*.

Dudley (1974) explicou a formação do anel em três espécies de Tilápia. Larcy e Richard (1974) registaram a formação do anel em abril e maio em Morone americana. Steinmetz (1974) afirmou que o envelhecimento é efectuado através da leitura das escamas. Em 1975 concluiu que a formação do anel ocorre devido à interrupção na formação dos círculos. Cadwallader (1983), estudou a idade e o crescimento do

grayling australiano utilizando escamas e verificou que o anel se forma nas mesmas até outubro. Merron e Tomasson
(1984) descreveu a idade e o crescimento de *Labeo umbratus* a partir das escamas. Em (1986), Kilambi analisou a idade e o crescimento do peixe snakehead, concluindo que o número de anéis nas escamas aumentou com o aumento do comprimento do peixe.

Para além das escamas, outras partes duras, como os ossos operculares e as vértebras, também têm sido utilizadas para o estudo da idade e do crescimento, embora não de forma extensiva.

2) Trabalhos efectuados na Índia

Os estudos sobre a idade e o crescimento dos peixes na Índia baseados em partes duras têm sido extremamente limitados. Embora alguns trabalhadores tenham tentado explorar este campo (Hornell e Nayudu 1923; Devansan, 1943; Nair, 1949). Chacko e Zobairi (1948) concluíram que o número de anéis representa o comprimento do corpo do peixe em polegadas e, provavelmente, a idade em meses. Chacko e Krishnamurthy (1950) parecem ter feito a primeira tentativa de explicar que os anéis ou bandas circulares se formam nas escamas da Hilsa devido à fome e coincidem com a desova. Raj (1951) estudou os anéis nas escamas de *Hilsa ilisha* e descreveu que as variações de temperatura, a quantidade de alimento e outros factores fisiológicos são responsáveis pela formação de anéis ou anéis de crescimento anual nas escamas, pelo que o seu número é um registo da idade do peixe e o comprimento da escama é proporcional ao comprimento do peixe em todas as fases de crescimento. Seshappa e Bhimachar (1951, 1954) descreveram que os anéis das escamas se formam em setembro devido à fome. Menton (1950, 1953) fez uma revisão dos trabalhos sobre idade e crescimento, com especial ênfase nos índices de idade e nos factores responsáveis pela formação de anéis anuais na Índia e no estrangeiro. Jhingran (1957, 1959) investigou em pormenor a idade e o crescimento de *Cirrhina mrigala* do rio Ganga e de Buxar (Bihar). Pillay (1954), Sarojini (1957, 1958) e Seshappa (1958) descreveram a formação de anéis anuais nas escamas de *Mugil tade*, *M. parsia* e *M. cunnesius*. Balan (1959) concluiu no seu estudo que as escamas de peixes de água doce podem ser utilizadas para determinar a idade. Bhatt (1969) descreveu que a idade pode ser melhor determinada a partir das escamas do que pelo método de distribuição da frequência de comprimentos. Jhingran (1971, 1977), Rao (1972) estudaram a idade e o crescimento de alguns peixes de água doce utilizando as escamas. Gupta e Jhingran (1973) estudaram o crescimento de *Labeo calbasu*. O crescimento de *Labeo rohita*, *Labeo fimbriatus* e *Cirrhinus mrigala* foi descrito por Khan e Jhingran (1975), Bhatnagar (1979), Jhingran e Khan, respetivamente. Pathani (1981) estudou a idade e o crescimento de *Tor putitora* em lagos de grande altitude das colinas de Kumaon, nos Himalaias, utilizando escamas. Johal *et al.* estudaram o crescimento da cabeça de cobra e da carpa espelho *Puntius sarana* do rio Ghaggar. Rajasthan, lago sukhna Chandigarh em 1983. Tandon e Johal (1983b) verificaram o fenómeno da compensação do crescimento na carpa maior indiana. A formação de ânulos nas escamas de *Cirrhinus mrigala* e *Labeo rohita* também foi descrita por Johal e Tandon (1987c). Prakash e Gupta (1986) descreveram a taxa de crescimento de três grandes carpas indianas do lago Govindgarh. Nautiyal (1990) refere que as escamas de *Tor putitora* das águas frias da região de Garhwal apresentam anéis anuais e que foi efectuado um cálculo retrospetivo para determinar a idade e os parâmetros de crescimento.

Em 1992, Johal e Kingra utilizaram com êxito escamas de *Cirrhinus mrigala* do lago Jaismand (Rajasthan) para a determinação da idade e dos parâmetros de crescimento. Em 1993, Bhandari *et al.* utilizaram escamas, ossos operculares e vértebras para a determinação da idade e do crescimento de *Cyprinus carpio*. Tandon *et al.* (1993) estudaram a morfometria, a idade e o crescimento da carpa prateada, *Hypophthalmichthys molitrix*, de Gobindsagar, Himachal Pradesh, Índia. O mahseer do rio e os seus aspectos etários foram estudados por vários trabalhadores utilizando balanças para determinar o seu estado e as práticas de conservação (Johal *et al.;* Nautiyal e Johal, 1994). Tandon e Johal (1994) analisaram a utilização de balanças para determinar a idade e o crescimento das carpas. Johal *et al.* (1996) descreveram a idade e o crescimento de *Labeo calbasu* de diferentes localidades do Norte da Índia utilizando balanças. Tandon e Johal (1996) reforçaram fortemente a aceitação mais ampla e fiável das escamas como material etário, especialmente na região com estações de verão e de inverno distintas. Singh (1997) observou que, com o aumento da idade, se regista uma diminuição da taxa específica de crescimento linear e da taxa específica de aumento de peso. Endo *et al.* (1998) determinaram a idade do salmão, *Oncorhynchus keta*, utilizando a análise do padrão das escamas.

Aguirre *et al.* (1999) efectuaram uma análise do crescimento da tainha-listrada, *Mugil cephalus*, e da tainha-branca, *M. curema*, do golfo do México, utilizando escamas e otólitos. Braaten *et al.* (1999) efectuaram um estudo para comparar as estimativas de idade e de crescimento da carpa do rio utilizando escamas e a secção dos raios da barbatana dorsal. Johal *et al* (1999) efectuaram estudos com escamas para avaliar a idade e o crescimento de *Tor putitora*, um peixe de água fria ameaçado de extinção, de Gobindsagar, Himachal Pradesh, Índia. Com base neste estudo, concluíram que o crescimento excessivo da pesca e o recrutamento excessivo da pesca estão na origem da queda das capturas desta espécie.

Bostanci e Polat (2000) realizaram um estudo para determinar a estrutura óssea mais fiável para o estudo da idade de *Solea lascaris* que habita o mar Negro, utilizando estruturas como escamas, vértebras e otólitos. Roper *et al.* (2000) utilizaram escamas para avaliar o crescimento estival da truta-vermelha, *Oncorhynchus clarki*, do lago Margaret, no Alasca. A idade, o crescimento e o estado da perca na lagoa de Szczecin foram avaliados com recurso a escamas por Szypula (2000).

Borkholder e Edwards (2001) compararam a utilização das vendas com a espinha dorsal para estimar a idade da galinha-d'água, Stizostedion vitreum. Johal *et al.* (2001) compararam os comprimentos dorsais calculados por vários métodos para a carpa prateada, *Hypophthaimichthys molithix*, utilizando diferentes estruturas ósseas, nomeadamente escamas. Polat *et al.* (2001) compararam escamas, vértebras e otólitos para estimar a fiabilidade e a precisão de várias estruturas ósseas para o envelhecimento de *Pleuronectus flesus luscus.*

Yang *et al.* (2002) determinaram a idade e as caraterísticas de crescimento de *Cyymnocypris cuoensis* utilizando escamas, otólitos e espinhos da barbatana dorsal e consideraram as escamas tão exactas como os otólitos na determinação da idade dos peixes. Foram utilizadas amostras de escamas de colecções históricas para a construção da história de crescimento do Coregonus artedi de quatro locais diferentes do lago superior ocidental (Coffin *et al.*, 2003). Tandon e Johal (2003a) analisaram a utilização de escamas para estudos de crescimento e consideraram o método das escamas como uma técnica importante para compreender o padrão de crescimento e para determinar as taxas de sobrevivência e mortalidade dos peixes. Wells *et al.* (2003) estudaram o padrão de incremento nos otólitos e nas escamas de *salmão* do Atlântico *salmo salar* adulto e defenderam uma semelhança acentuada no incremento das duas estruturas.

Trabalhos sobre *Catla catla* : O crescimento de *C. catla* (Jhingran, 1969) e *Polydactylus indicus* (Kagwadi, 1968) foi estudado com recurso a escamas. Foram ainda efectuados estudos sobre a idade e o crescimento com recurso a escamas de várias carpas indianas *C. catla* e *Cirrhinus mrigala* (Johal e Tandon, 1983; Johal e Tandon, 1989), que utilizaram escamas para determinar a idade e as caraterísticas de crescimento de *C. catla* de Rang Mahal, Índia. Johal e Tandon (1992) determinaram a idade e o crescimento da carpa *C. catla* de diferentes localidades do norte da Índia. Tandon e Johal (1994) analisaram a utilização de escamas para determinar a idade e o crescimento da carpa *C. catla*. Defenderam o ponto de vista de que as observações sobre os parâmetros de crescimento constituem uma prova suficiente da autenticidade do método das escamas no estudo da idade e do crescimento dos peixes.

Capítulo 3

MATERIAIS E MÉTODOS

Entre as várias partes duras, as escamas podem ser removidas do corpo do peixe sem causar qualquer lesão visível, mantendo assim o valor comercial do peixe. A escama é utilizada como a ferramenta mais fiável para estudar o estado ecológico do peixe, a idade e o crescimento.

Local de recolha:

Fig. 1: Local de amostragem: Fazenda de sementes de peixe

Para o presente estudo, as escamas de *C. catla* foram recolhidas na exploração de sementes de peixe do Governo em Amritsar, perto de Rajasansi (Fig. 1). A exploração de peixe está situada a sudeste, a cerca de 2,8 km do aeroporto internacional de Rajasansi, Punjab.

O departamento de pescas está empenhado na promoção da piscicultura no Estado para aumentar a produção de peixe através da adoção dos métodos científicos mais recentes. A piscicultura está a ser adoptada como atividade aliada para a diversificação da agricultura. Existem 14 explorações de sementes do Governo em Amritsar, Bhatinda, Faridkot, Ferozepur, Fatehgarh Sahib, Nawashahar e Kapurthala. A área total cultivada com peixes é de 10058,4 hectares. Esta exploração piscícola é uma boa fonte de carpas comerciais *Labeo rohita*, *Cirrhinus mrigala*, *C. catla*, *Cyprinus cummunis*, *Ctenopharyngodon idellus*, etc. As escamas *de C. catla* são retiradas do lado esquerdo do corpo, abaixo da face dorsal, de preferência da terceira fila, da linha lateral e de regiões específicas do corpo. No laboratório, as escamas foram lavadas com água da torneira, esfregadas suavemente entre as pontas dos dedos para remover o muco e matérias estranhas e armazenadas em envelopes com dados relevantes, como o comprimento total, o comprimento padrão, a data de recolha, o peso do peixe e o local de recolha.

Espécie de teste:

Fig: 2. *Catla catla*

Posição sistemática dos peixes:

Reino Unido : Animália

Filo : Chordata

Classe : Actinopterygii

Encomenda : Cypriniformes

Família : Cyprinidae

Género : *Catla*

Espécie : *catla* (Hamilton-Buchanan, 1822)

Atualmente, as escamas são removidas de *C. catla* Fig. (2). O corpo da *C. catla* é curto e profundo. Trata-se de uma carpa indiana de crescimento rápido que se forma nos represamentos de água doce. Distribui-se por toda a Índia até ao rio Krishna, mas foi introduzida no sistema do rio Cauvery muito mais tarde. É a única espécie pertencente ao género *C. catla* e é vulgarmente designada por Chepti, Theila, Bocha, Thail, Bankur, etc. A cobertura geral do corpo é preta prateada e as barbatanas são pontilhadas mais densamente nos bordos. Tem a boca virada para cima, cabeça grande, maxilar inferior proeminente, barbatana caudal bifurcada e escamas ciclóides. Alimenta-se à superfície e a meia água. No Norte da Índia, a sua atividade de desova é observada nos meses de junho, julho, agosto e setembro. A sua taxa de crescimento mais elevada e a compatibilidade com outras carpas importantes, o seu hábito alimentar específico à superfície e a preferência dos consumidores aumentaram a sua popularidade no sistema de policultura de carpas nas explorações piscícolas da Índia, Bangladesh, Myanmar, Loas, Paquistão e Tailândia.

Método:

No laboratório, as escamas foram lavadas com água da torneira e limpas por fricção suave com as pontas dos dedos para remover matérias estranhas e mucosas. Em seguida, foram secas em dobras de papel de filtro. As escamas secas são guardadas num envelope branco com informações sobre o comprimento, o peso, a data de colheita, etc. Para tornar as escamas mais claras e macias (no caso de escamas grandes), mergulhá-las numa solução fraca (1% KOH) durante cerca de 5-10 minutos e secá-las em dobras de papel de filtro. As escamas actuais são de *C. catla*, que são de natureza cicloide. As escamas de peixe são derivadas da derme e de natureza mesodérmica. Existem diferentes tipos de escamas cosmoides, ganoides, placoides e leptoides. No entanto, as escamas leptóides encontram-se nos peixes ósseos de ordem superior. À medida que crescem, vão acrescentando camadas concêntricas. Existem dois grupos de escamas:

1. Cicloide
2. Ctenoide

Cicloide:

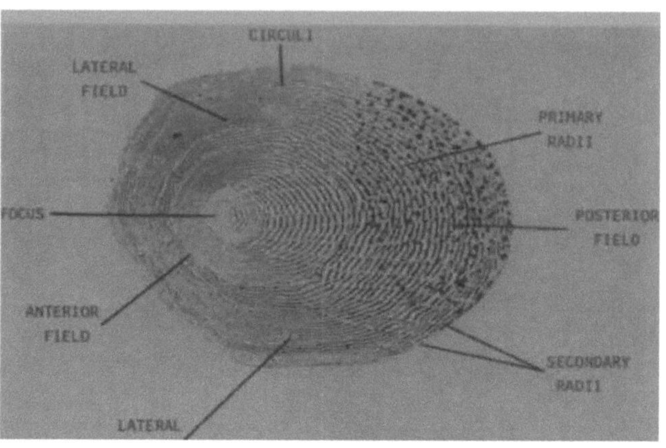

Fig. 3: Representação esquemática da escala cicloide

As escamas ciclóides têm um bordo exterior liso e são mais comuns nos peixes com barbatanas macias, como o salmão e a carpa. A parte que toca o corpo do peixe é denominada parte ventral, que é lisa e brilhante; a parte oposta é a dorsal, áspera ao tato e não brilhante; enquanto as escamas ctenóides têm um bordo exterior dentado. As escamas cobrem o corpo de As escamas dos peixes são imbricadas e constituem o seu endosqueleto. Uma escama típica de teleósteo pode ser subdividida num campo rosteral ou anterior, nos campos laterais e no campo caudal ou lúnula. O campo anterior é caracterizado pela presença de focos, estrias ou círculos, raios e marcas anulares ou acessórias. O campo posterior pode ser caracterizado pela presença de numerosos grânulos de pigmento ou cromatóforos (Fig. 3).

A escama de *C. catla* foi estudada com um "Dokumator" ou leitor de escamas e um estereomicroscópio da Carl Zeiss.

A visibilidade precoce e a interpretação dos anéis de crescimento utilizando um instrumento simples, o "Dokumator", fazem das escamas uma escolha importante para analisar a estrutura etária e o aspeto da história de vida das populações de peixes (Casselman, 1990); (Tandon e Johal, 1996, 2003a; Seshappa, 1999). Os focos, os círculos, os ânulos e as marcas larvares foram observados sob o leitor de escamas, mas a utilização do estereomicroscópio foi bastante útil para recolher imagens das escamas e de partes das escamas. As imagens das várias partes foram obtidas com uma ampliação de 4X, 10X e 40X do estereomicroscópio.

Capítulo 4

OBSERVAÇÕES E DEBATE

ESTRUTURA DE ESCALA:

1. **Escala normal:**

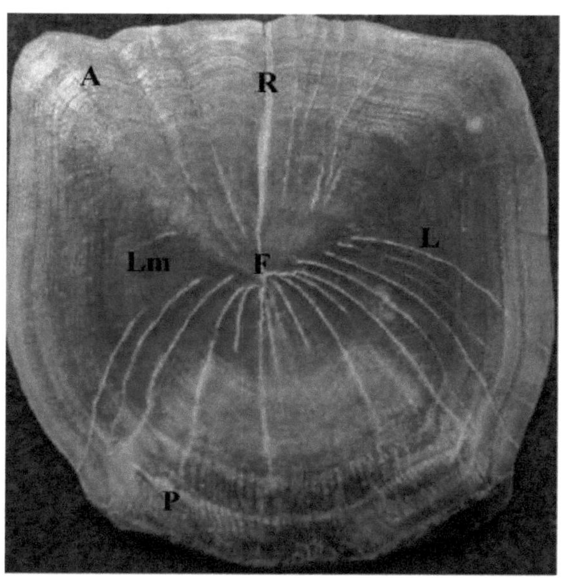

Fig. 4: Escala normal mostrando o foco (F), a marca larvar (LM), o campo posterior (P), o campo lateral (L), o anel (A) e os raios (R)

As escamas dos peixes ósseos são inteiramente derivadas da camada dérmica da pele e cada escama é semelhante a uma unha humana. A sua extremidade anterior está inserida numa bolsa na camada dérmica, enquanto a parte posterior está exposta e tem grânulos de pigmento. As escamas actuais do peixe *C. catla* são grandes escamas ciclóides e podem ser divididas em campo rostral/anterior, campo posterior/caudal e campos laterais. As margens posteriores das escamas de *C. catla* são lisas. O lado voltado para cima é o dorsal. É áspera, convexa e tem estruturas distintas como cristas, sulcos e grânulos.

São aqui discutidas várias caraterísticas das escalas:

(a) Foco:

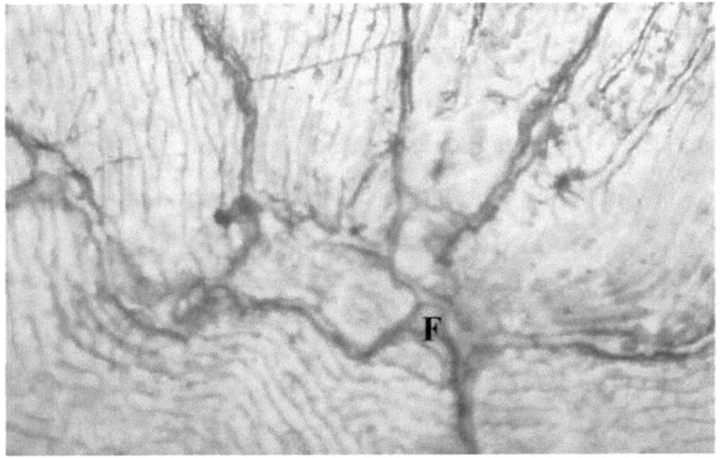

Fig. 5: Região que mostra o foco juntamente com a forma reticulada da estrutura

Cada escala tem um foco, que é a região onde as linhas de crescimento (Circuli) começam a aparecer. O foco é considerado a primeira estrutura a desenvolver-se durante a ontogénese. É geralmente nítido no início, mas torna-se menos proeminente à medida que a escala cresce (Tandon e Johal, 1996). O foco está frequentemente localizado no centro, mas no caso de escamas muito sobrepostas, a sua posição descentraliza-se devido ao crescimento desigual da zona anterior e posterior da escama (Siddique e Khan, 1973). A posição do foco no centro da escama em relação à sua proximidade de várias margens tem valor no estudo sistemático. Nas escamas que são mais alongadas do que largas ou vice-versa, a posição do foco varia. O foco é deslocado para o campo anterior ou posterior.

Nalgumas escamas, pode observar-se uma marca larvar em que os raios primários têm origem no anel larvar. A marca larvar é também designada por "anel zero" (Chugunova, 1963). A formação de marcas larvares pode dever-se à migração para montante e à mudança de hábitos alimentares nas carpas principais da Índia (Jhingaran 1968, Jhingaran e Khan, 1979, Khan, 1924, 1944). As marcas larvares formam-se durante o primeiro ano de vida, quando o peixe sai do ovo. São mais proeminentes nas escamas de pequeno tamanho (Johal e Tandon, 1996). Nas escamas em que se formam os anéis/marcas larvares, os círculos estão agrupados na parte anterior da escama e divergem posteriormente (Tandon e Johal, 1993).

Em *C. catla*, a escama tem uma forma dentada na parte anterior. Observa-se uma marca larvar distinta. Tem uma forma oblonga e o anel larvar delimita os círculos estreitamente espaçados presentes na zona larvar dos círculos muito espaçados. O foco é nítido e está deslocado para a extremidade anterior. A área delimitada pelo foco é coberta por uma estrutura reticulada (fig. 5). Encontram-se poucos poros mucosos na região do foco (Fig. 6). O mesmo foi registado na escama de outros peixes ciprestes *Tor putitora* (Hamiltion-Buchanan, 1822 [32]). Observa-se que os raios primários têm origem no foco e os raios secundários têm origem na marca larvar e os raios terciários têm origem entre os dois círculos

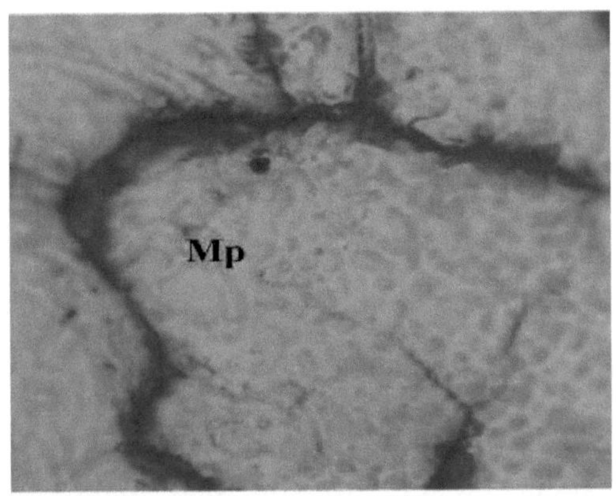

Fig. 6: Escala mostrando o poro mucoso

(b) Circuli

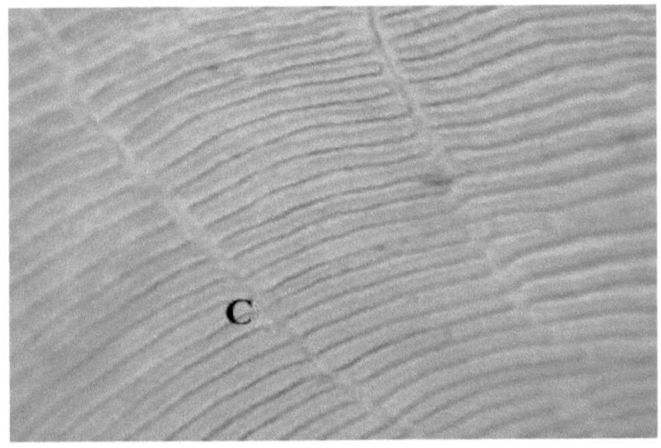

Fig. 7: Escala mostrando os círculos concêntricos

Os círculos são as cristas elevadas firmemente ligadas à camada basal da escama e são compostos por uma substância homogénea transparente chamada hialodentina (Tandon e Johal, 1996). Os círculos surgem sempre que o material ósseo ocorre numa quantidade superior à que pode ser utilizada nos bordos de crescimento. Várias estruturas semelhantes a dentes estão presentes na crista dos círculos voltados para o foco. Estas são chamadas dentículos escalares ou lepidontes. Os lepidontes aparecem apenas depois de os círculos estarem completamente formados e provavelmente ajudam a fixar a escama na sua bolsa. Os círculos terminam de forma romba nos campos laterais. A partir daqui, o campo caudal é nitidamente caracterizado pelo aparecimento de tubérculos. Lanzing e Higginbotham (1974) fizeram uma observação semelhante no caso de *O. mossambicus*. Nas *Ananbas scandens*, os círculos terminam em estruturas semelhantes a botões, ao passo que formam projecções espinhosas no caso de *L. calbasu* e *L. celruleus* (Tandon e Chaudhary, 1983-84). O padrão das circulações nas escamas tem sido utilizado para distinguir as populações de incubação, criadas com populações selvagens (Macrogliese e Casselman, 1998; Silva e Bunguardner, 1998)

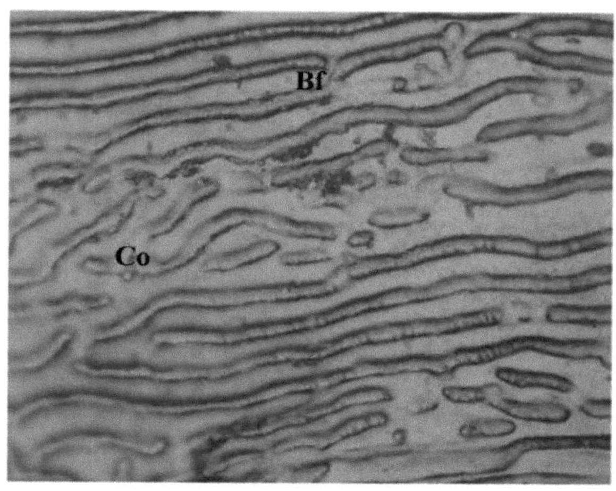

Fig. 8: Escala que mostra as bifurcações no campo anterior (bf - circulações bifurcantes) e a junção entre duas circulações (co-ligações entre duas circulações)

Em *C. Catla* a forma dos círculos é mais ou menos concêntrica (Fig. 7). Os círculos da região anterior são interrompidos por vários raios, pelo que parecem menos contínuos. Observam-se também algumas bifurcações na margem anterior, provavelmente para acomodar a face anterior mais larga da escama. Observam-se várias ligações entre os círculos (Fig.8). Foram observadas algumas bifurcações e inserções de círculos em campos laterais a partir de cristas. Cada circunferência tem a forma de uma cunha, com uma base larga e uma parte superior pontiaguda. O espaço intercircular é mínimo na parte anterior e máximo na parte lateral. Os círculos inter-radiais são côncavos, com estruturas semelhantes a dentes de lepidontes. Os círculos observados na região posterior (em forma de V invertido) abaixo do foco, no caso de *C. catla*, são estrias quebradas ao longo do eixo antero-posterior. Uma caraterística peculiar observada nas escamas de *C. catla* são as ligações em forma de anel entre os dois círculos. Isto deve-se provavelmente ao facto de os círculos estarem estreitamente espaçados. Observa-se um amplo espaço intercircular nas escamas *de C. catla* e a bainha basal parece rugosa.

(c) Lepidonts

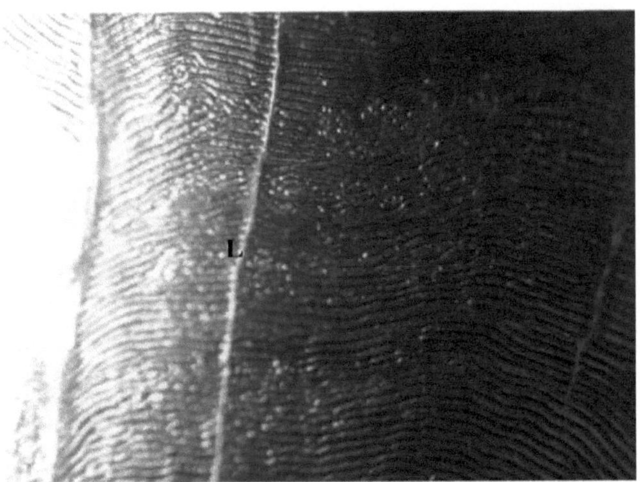

Fig. 9: Escala mostrando lepidontes rombudos na crista do circulo

O estudo das escamas revelou que os círculos têm uma estrutura semelhante a um dente, denominada dentículos escamadores ou lepidontes (DeLamater e Courtenay, 1973; Lanzing e Higginbotham, 1974). As escamas ciclóides da carpa apresentam lepidontes cónicos (Johal e Bansal, 2000). Os lepidontes só aparecem nos círculos completamente formados. As circunvoluções que se encontram na extremidade do campo rostral e as circunvoluções antigas em torno do foco não têm lepidontes (Lanzing Higgimbotham, 1974). Os lepidontes são estruturas que ajudam a fixar a pele (Tandon e Chaudhary, 1983-84) e podem também servir de fricção e almofada entre a região anterior e posterior das escamas sobrepostas. Podem também manter a escama sobreposta suficientemente afastada para permitir que a circulação da água chegue ao tegumento (Lagler *et al.*, 1962). Em *C.catla*, os lepidontes observados são pontiagudos e rombos e apontam para o foco (Fig. 9) na crista dos círculos.

(d) Raios

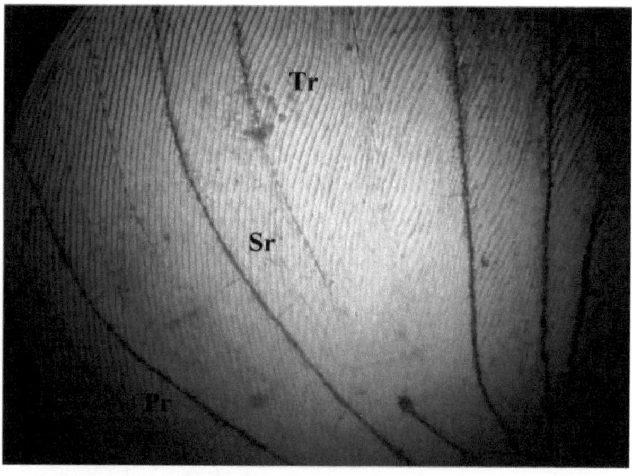

Fig. 10: Escala mostrando os três raios. Raios primários (PR),

Raios secundários (SR), raios terciários (TR)

As linhas estriadas que se estendem para fora do foco das escamas interrompem a continuidade dos círculos. Estas foram identificadas como raios. As escamas com raios são designadas por escamas sancionadas, enquanto as escamas sem raios são designadas por escamas simples (Lippistch, 1990). O aparecimento de raios está diretamente relacionado com o crescimento da escama, uma vez que se trata de um mecanismo para obter mais superfície num espaço menor. Raios igualmente espaçados parecem sugerir um crescimento uniforme, mas são necessários mais estudos para confirmar este ponto de vista. Os raios podem ser de três tipos, com base no seu comprimento e nível de origem a partir do foco. Os que se originam do foco são raios primários, enquanto os que se originam a uma distância do foco são raios secundários e os raios que se originam entre os raios primários e secundários são raios terciários. Tandon e Johal (1996) consideram que os raios estão relacionados com melhores condições nutritivas. Em *C. catla*, o ápice da escama é dentado devido à presença de numerosos raios. São observados os três tipos de raios (Fig. 10). Os raios estão presentes em todos os quatro campos, mas são mais numerosos no lado posterior do que no lado anterior e muito menos nos campos laterais. Também se observam raios que não atingem a margem. O canal interradial não é uniforme.

(e) Anuli

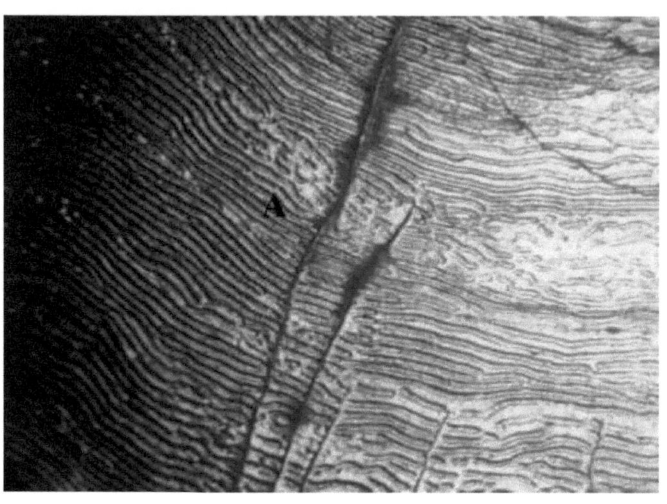

Fig. 11: Escala do anel (A)

Um anel forma-se nos peixes do Norte da Índia durante o período das monções do sudoeste (Natarangan e Jhingaran, 1963) e é caracterizado por uma zona com círculos descontínuos ou quebrados que se estendem à volta da escama e representam o fim do crescimento do ano (Van Oosten, 1957). Foi definida como uma demarcação sob a forma de um controlo na escama ou de um traço translúcido nas outras estruturas calcificadas. Dois anéis sucessivos são geralmente considerados como demarcando um ano de crescimento do tecido calcificado. Muitos grupos de peixes têm um padrão específico de crescimento que se reflecte no espaçamento entre os anéis. O tamanho e a forma dos anéis também diferem consoante as espécies.

O anel verdadeiro é caracterizado por sulcos ou faixas relativamente largas que são espaços esculpidos entre as circunferências que rodeiam a escama, exceto na extremidade posterior. O ânulo forma-se geralmente no bordo exterior de circunferências estreitamente espaçadas (Khan e Siddiqui, 1973). Os mecanismos fisiológicos especiais que causam a formação destes controlos são pouco conhecidos. Alguns dos factores associados à cessação do crescimento são a temperatura baixa ou alta, a disponibilidade reduzida de alimentos e a atividade reprodutiva.

Fagada (1974) salientou que as mudanças ambientais anuais nas regiões tropicais podem, por vezes, dar origem a 'anéis de crescimento'. De acordo com Menon (1953), o ritmo fisiológico interno, mais do que os factores ambientais, determina a formação de anéis de crescimento. Rao (1974) verificou que a causa da formação de anéis é tanto o ambiente como o ritmo fisiológico inerente, e não os factores ambientais que determinam a formação de anéis de crescimento. Rao (1974) descobriu que a causa da formação de anéis é tanto ambiental quanto inerente ao ritmo fisiológico. A formação de ranhuras nas margens das escamas pode dever-se à desidratação durante o período das monções (Johal e Tandon, 1996). Em *C. Catla*, observam-se 5 a 6 circulações quebradas na zona anular (Fig. 11), ao passo que na zona anular de *Tor putitora* se observam 5 a 9 circulações quebradas.

(f) Campo posterior e Cromatóforos

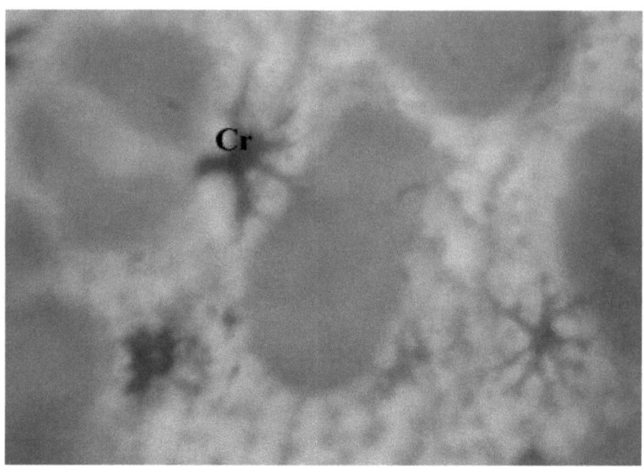

Fig. 12: Escala mostrando Cromatóforos (Cr) particularmente Melanóforos

O campo posterior da escama é caracterizado pela presença de epiderme e de vários grânulos de pigmento, cuja concentração depende da localização da escama no corpo do peixe. O componente dérmico da pele que cobre a lúnula inclui um número de cromatóforos. Os componentes epidérmicos incluem células de muco (Lanzing e Higginbotham, 1974). Numerosos poros dispersos entre os círculos são observados no caso de *Notopterus notopterus*, *L. careuleus* e *L. pangusia* (Tandon e Chaudhary, 1983-84). Estes poros parecem ocorrer na zona que separa as cristas tuberculadas vizinhas e indicam provavelmente a posição das células mucosas situadas na camada epidérmica. O padrão da superfície epidérmica da lúnula pode ser uma adaptação ao stress mecânico produzido pelo tecido duro calcificado das escamas (Lanzing e Higginbotham, 1974). Em *C. catla*, o campo posterior apresenta cromatóforos de cor castanha, denominados melanóforos, que conferem cor às escamas (Fig. 12). Tubérculos isolados do campo caudal estão dispostos em padrão concêntrico em relação ao foco em filas verticais ântero-posteriormente em *C. catla*. Em cada fila vertical, observam-se tubérculos de formas variadas, pequenos e circulares, alongados, biolobados ou multilobados, dispostos de forma irregular (Fig. 13). O número de cromatóforos diminui gradualmente na extremidade mais posterior. A caraterística mais peculiar observada nesta zona é o reaparecimento de estrias circulares. Observa-se uma bainha basal lobulada (Fig. 14)

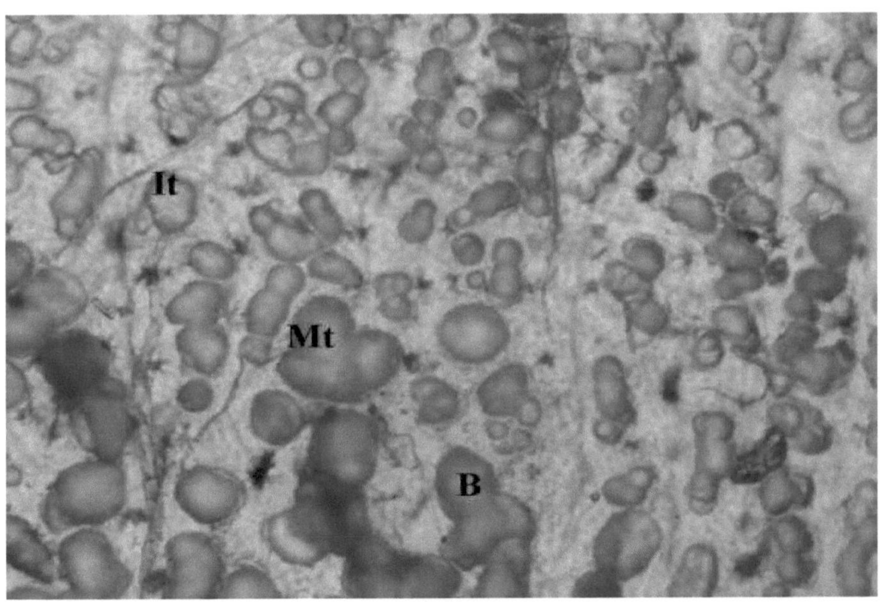

Fig. 13: Escala mostrando tubérculos isolados (It) e tubérculos multilobados (Ml)

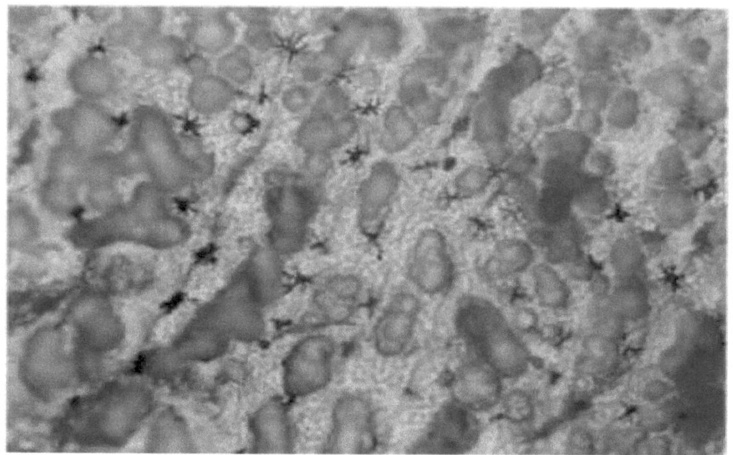

Fig. 14: Escala mostrando a bainha basal lobulada (B) no campo posterior

2. Canal da linha lateral

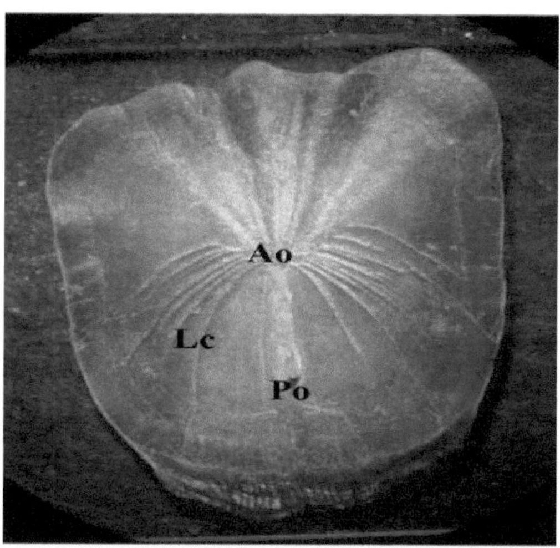

Fig. 15: Escala da linha lateral mostrando a abertura anterior (Ao) e a abertura posterior (Po)

As escamas ao longo da linha lateral são perfuradas, através das quais se abrem os órgãos neuromotores do sistema temporal lateral (Tandon e

Sharma, 1997). A posição e a configuração do canal da linha lateral têm-se revelado úteis na identificação dos peixes (DeLamater 1973; Tandon e Sharma, 1976-79). Em *C. catla*, o canal da linha lateral é um tubo simples inserido na matriz, em contraste com o canal da linha lateral de *L. gonius*, que parece estar dividido em dois tubos encaixados um no outro (Tandon & Sharma, 1976-79). A abertura anterior do canal da linha lateral em *C. catla* situa-se no centro e é arredondada e bifurcada (Fig. 16). É aberto em ambas as extremidades. A área desnuda é observada na abertura anterior do canal da linha lateral e é a perda real e a rutura dos círculos (DeLamater & Coutenay, 1973). Os círculos são rompidos na extremidade anterior e retomam a alguma distância como círculos contínuos. A abertura posterior do canal abre-se numa área desnudada onde os cromatóforos estão ausentes (Fig. 17). Observa-se um poro mucoso na extremidade posterior

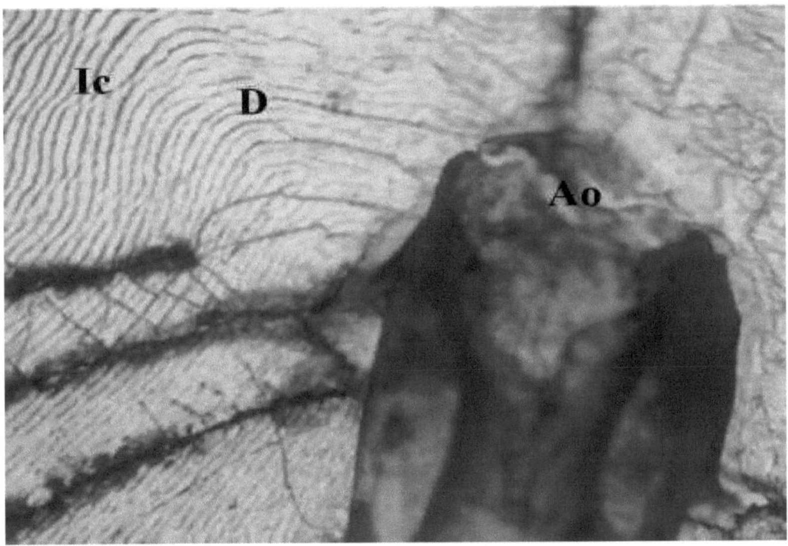

Fig. 16: Escala de linhas laterais mostrando a abertura anterior (Ao) e a área desnudada (D) e os círculos irregulares (Ic)

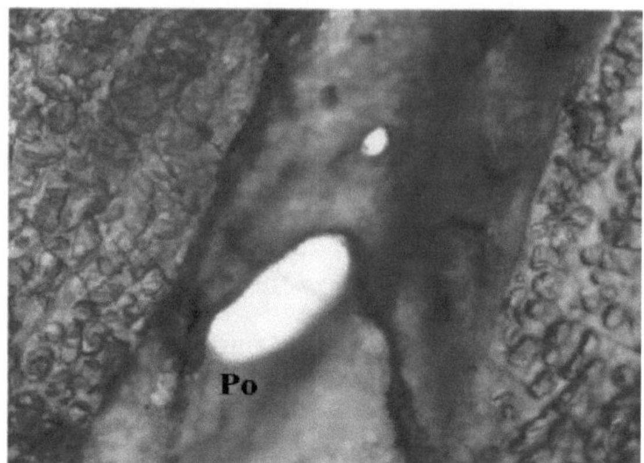

Fig. 17: Escala de linhas laterais mostrando a abertura posterior (Po)

3. Escala regenerada:

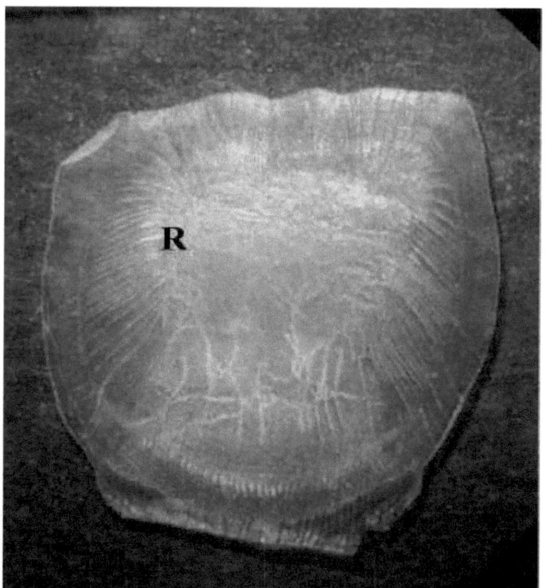

Fig. 18: Escama regenerada (R) desprovida de foco, círculos irregulares, raios

As escamas regeneradas têm focos desorganizados, circunferências irregulares e falta de raios. As escamas são substituídas quando a escama original é perdida devido a lesão mecânica (Tandon e Johal, 1996). Do ponto de vista histológico, estudo das escamas regeneradas efectuado por Frietsche e Bailey (1980), postulou-se que a regeneração das escamas é um todo. Nalguns peixes, as zonas centrais das escamas regeneradas podem aparecer em branco, desprovidas de círculos e de qualquer outra estrutura normalmente presente (Johal e Tandon, 1996). As escamas regeneradas de *C. catla* caracterizam-se igualmente por uma substituição central desprovida de raios mas com circulações irregulares (Fig. 18). A regularidade do padrão das circunferências verifica-se após uma certa distância. Os cromatóforos estão presentes mas em menor número.

REFERÊNCIAS

Aguiree, L.I.A., Cabello, M.G. e Carrara, X.C. (1996). Análise do crescimento da tainha listrada, *Mugil cephalus* e *Mugil curema* V. (Pisces. Mugilidae) no Golfo do México. *Fish bulletin* **97**:861-872.

Begenal, T.B. e Tesch, F.W. (1978). Age and growth in "Methods for assessment of fish production in freshwaters" IBP Handbook No. 3: pp. 101-136. Ed: T.B. Bagenal. Terceira edição, Blackwell Scientific Publication. Oxford.

Bhandari, B.S., Johal, M.S. e Tandon, K.K. (1993). Idade e crescimento de *Cyprinus carpio var. Communis linnaeus* de Gobindsagar, Himachal Pradesh, Índia. *Investigação. Bulletin. Universidade de Punjab* **43**: 151-167.

Baudelot, E. (1873). Recherces sur la structure et le developpment des ecailles de poissons osseux. Arch. Zool. Exp. Gen., Vol. 2, pp. 87-244, 427480.

Borkholder, B.D. e Edwards, J.A. (2001). Comparação da utilização dos espinhos da barbatana dorsal com as escamas para calcular o comprimento por estimativa da idade das morsas. *N. AM. J. Fish.* Mang, **21**: 935-942.

Braaten, P.J., Doeringnshfled, M.R. e Guy, C.S. (1999). Comparação das estimativas de idade e de crescimento da carpa do rio utilizando escamas e secções de raios da barbatana dorsal.

Chitravadievulu, K. (1972). Crescimento, composição etária, densidade populacional, mortalidade, produção e rendimento de *Albiurnus alburnus* (Linnaeus, 1758) e *Rutilus rutilus* (Linnaeus, 1958) na região de inundação de Danube-Zofin. *Ata. Universidade. Carol Biology 1-76.*

Chu. Y.T. (1935). Estudos comparativos sobre as escamas e as farândulas e os seus dentes nos ciprestes chineses, com especial referência à taxonomia e à evolução. Boletim de Biologia. Universidade de St. John's. **2**: 226 pp, 30 placas.

Chugnuva, N.I. (1963). Handbook for the study of age and growth of fishes (tradução inglesa), *National science foundation*, *Washington,* 132 pp.

Daget, J. (1950). Revision des affinities phylogene tigue polypterides mem institute Francais d' Afrique Noire, 11.

Deason, H.J., e Hile, R. (1947). Age and growth of kiyi, *Leucichthys kiyi koetza* in Lake Michigan. *Trans. A.M. Fish. Society* **74:** 157-164.

DeBont, A.F. (1967). Alguns aspectos da idade e crescimento dos peixes em águas temperadas e tropicais. In: *The Biology Basis of Freshwater Fish Production (Ed. S. D. Gerking) Blackwell. Scientific Publishing* 67-68.

Dhal, K. (1909). A avaliação da idade e do crescimento em peixes. Int. Revue ges. Hydrobiology hydrogen **2**: 758-760.

Dudley, R.G. (1974). Crescimento da Tilápia da planície de inundação de Kafue, Zâmbia: Efeitos previstos da barragem de kafue Gorge Dam.*Trans American. Fish. Society* **103**: 281-291.

Endo, Y., Watarai, O. e Igarashi, M. (1998). Determinação da idade do salmão (*Oncorhynchus keta*) através da análise de padrões de escamas. *J. Sch. Mar. Sci. Technol. Universidade de Tokai,* **46**: 1-15.

Graham M. (1956). Sea fisheries. Their investigations in the united kingdom Publicações. *Londres Edwards Arnold Publishers Ltd. Londres*. 487 pp.

Gupta, S.D. e Jhingran, A.G. (1973). Envelhecimento de *Labeo calbasu* através das suas escamas. *J. Inland Fish Society. India* **5:**126-128.

Helfman, G.S., Collette, B.B., e Facey, D.E. (1997). 1997. The Diversity of Fishes.

Blackwell Science.

Hintze, G. (1888). Karpfenzucht und Teichbau. Treba, Checoslováquia. (Original não visto, resumido em Van Oosten 1929).

Hoffbauer, C. (1898). Die alterbestimmung des karpfen an seiner schuppe. Allgemeine Fischerei-Zeitung 23:341-343.

Jackson J. (2007). As primeiras referências à determinação da idade dos peixes e a sua aplicação inicial ao estudo das pescas. História das Pescas. Pescas. Vol 32:7.

Jenson, A.C. e Clark, J.R. (1958). Tempo de formação de anéis de escala. *Int: Comm. N. M. Atl. Fish Tech. Pap 12p.*

Jhingran, A.G. (1971). Validade da escala como indicador de idade em *Setipinna phasa* (Hamilton) e interpretação de "Salinonoid bands and spawning mark". *Procedimentos da Ciência Nacional Indiana. Académico* **37**: 234-262.

Jhingran, A.G. (1997). Interpretação da banda de aparência ótica nas escamas de *Gudusia chapra* (Hamilton). *J. Inland Fish Society India*

9:154-160.

Jhingran, V.G. (*1972*). Determinação da idade da carpa maior indiana, *Cirrhinus mrigala* (Hamilton) por meio de escamas. *Nature* **79**: 468-469.

Johal, M.S e Tandon, K.K. (1985). Utilização de parâmetros de crescimento em *Labeo rohita* (Pisces, Cyprinidae). *Ibid* **49**: 101-107.

Johal, M.S. e Tandon, K.K. (1981). Idade, crescimento e relação comprimento-peso de *Tor putitora* (Hamiltion) de Gobindsagar, Himachal Pradesh, Índia. *Fish Bulletin Special Publications 'coldwater Fisheries Seminar'* organizado pelo *C.I.F.E* em Chandigarh, **18-19** de janeiro: 43-48.

Johal, M.S., Tandon, K.K. e Kaur, S. (1996). Estrutura das escamas, idade e crescimento de *Labeo calbasu* (Hamilton, 1822) do norte da Índia. *Ata Hydrobiology* **38**: 5363.

Johal, M.S., Tandon, K.K. e Sandhu, G.S. (1999). Idade e crescimento de um peixe de águas frias ameaçado de extinção, o mahseer dourado *Tor putitora* (Hamilton) de Gobindsagar, H.P, Índia. *In*: *Ichthyology Recent Research Advances* (Saksena, D.N., ed.), Nova Deli, Calcutá: oxford e IBH Publishing Co. Pvt. Ltd., pp. 59-73.

Johal, *M.S.* e Tandon, *K.K.* *(*1983). Age, growth and length weight relationship of *Catla catla* and *Cirrhinus mrigala* (piscos) from Sukhna lake, Chandigarh (India). *Vest. Cs. Spolec. Zoologia* **47:**87-98.

Johal, M.S. e Tandon, K.K. (1987b). Age and growth of *Cirrihinus mrigala* (pisces:cypriniformes) from north India. *Ibid.*, **51**: 252-280.

Johal, M.S., Esmaeili, H.E. e Tandon, K.K. (2001). Comparação do comprimento calculado para o dorso da carpa prateada derivado da estrutura óssea. *J. Fish Biology* **59**: *1483-* 1493.

Kaur, N. (2005). *Evolution of age related growth in pattern in carps of Harike Wetland*, Punjab, Ph.d Thesis, Guru Nanak University, Amritsar, India.

Khan, R.A. e Siddique, A.Q. (1973). Studies on the age and growth of rohu, *Labeo rohita* (Hamiliton) from a pond (Moat) and river Ganga Yamuna. In: *Actas do Indian National. Science. Academy* **38**: *582-597.*

Kingra, J.S. e Johal, M.S. (1992). Age and growth of *Cirrhinus mrigala* (Hamiltion) from Jaisamand lake. *Bioved* **23**: 131-136.

Kobayshi, H. (1951). Sobre o valor do carácter da escama como material para o estudo da afinidade em peixes. *Jap. J. Ichthyol* **1**: 226-237.

Kramer, R.H. e Smith, L.L.Jr. (1961). First year growth of the largemouth bass, *macropterous salmoides* (Lacepede) and some related ecological factors. *Trans. A.M. Fish. Scoiety* **89**: 222-223.

Lanzing, W.J.R. e Higginbotham, D.R. (1974). Microscopia de varrimento das estruturas de superfície de *Tilapia mossambica* (Peters). *J. Fish Biology* **6**: 307-310.

Aqassiz, L. (1834). Recherches sur les poissons fossiles. 2e livrasion, Vol. I, pp. 68-80. Neuchbtel.

Leeuwenhoek, A. (1696). *Opera ominio lugduni batavorum iii Opistola* **107**: 191-192 (citado em Tandon e Johal, 1996).

Nautiyal, P. (1990). National history of Garhwal Himalayan mahaseer, growth rate and age composition in relation to fishery, feeding and breeding ecology. *In: The Second Asian Fisheries Forum (Eds. R. Hirano and L. hany) pp.* 761-772.

Oliva, O. (1955). Contribuição para a biologia e crescimento da carpa nas águas dos rios. Universidade da Região do Elba. *Carolina-Biology* **1**: *225-273* (citado em Tandon e Johal, 1996).

Pathani, S.S. (1981). Idade e crescimento do mahaseer *Tor putitora* (Hamilton), determinados pelas escamas e pelo opérculo. *Matsya* **7**: 41-46.

Pell, R. L. (1859). Edible fishes of New York: their habits and manner of rearing, and artificial production. Transactions of the New York State Agricultural Society with an Abstract of the Proceedings of the County Agricultural Societies 18:334397.

Perlmutter, A. (1954). Determinação da idade dos peixes. *Trans. N.Y. Academy Science* **16**: 305311.

Prakash, S. e Gupta, R.A. (1986). Estudos sobre o crescimento comparativo de três carpas principais do lago Govindgarh. *Indian. J. Fish* **33**: 45-53.

Rao, G.M. e Rao, H.L. (1972). On the biology of *Labeo calbasu* (Hamilton) from the river Godavari. *J. Inland Fish Society India* **4**: 74-86.

Reamumur, R. (1716). Observation Sur La Matiere Qui Colour Les perles Fauses Et Sur Quelques Autres Materies Animals D'una Conleue, Al'Occasion de guio on essay d'expliquer, la formation des esailles des venons. *Histoire de'lacademic royal de sciences* (citado em Tandon e

Johal, 1996).

Regier, H.A. (1968). Alguns aspectos estatísticos do método da escala. In: *Conferência Internacional de Mime. Envelhecimento e crescimento dos peixes. Smolenice, CSSR,* 99-114.

Richer, W.E. (1975). Cálculos e interpretações de estatísticas biológicas de populações de peixes. *Boletim. Fish. Research Bd. Can* **191**: 382.

Rooper, C.N., Manson, D.B. e McCurtey, S.J. (2000). Utilização de balanças para avaliar o crescimento estival de trutas residentes em Margaret Lake, Alasca. *N. AM. J. Fish. Manag.,* M **20**: 467-480.

Rounsefell, G.A. e Everhart, W.H. (1953). "Fishery Science, its method and application". *Publicação John Wiley and Son, Inc., Nova Iorque, Chapman and hall, Limited, Londres* pp.444.

Rupali (2003). *Estrutura das escalas de Catla catla (Hamilton).* A sem study, *dissertação,* Universidade Guru Nanak Dev, Amritsar, Índia.

Singh Shailendra, Sharma L.L. and Saini V.P. (1998) Age growth and harvestable size of Labeo rohita (Ham.) from the lake Jaisamand, Rajasthan, India. *Indian J. Fish,* 45(2) 169-175.

Tandon, K.K. e Johal, M.S. (1994). Escamas - Uma ferramenta na biologia dos peixes. In: Adv. Fish Biology, (Ed. H.R. Singh). Hindustan Publishing Cooperation, Dehli. pp 1-11.

Tandon, K.K. e Johal, M.S. (2003a). Estudos de crescimento em peixes. In: *Advances in fish research, volume 3, J.S. (Eds. Datta Munshi, J. ohja and T.K. joshi), Narendra Publishing House, New Delhi,* pp. 73-81.

Tandon, K.K. e Chaudhary, N. (1983-84). Variação na escala de alguns peixes teleósteos de água doce da Índia. *Matsya* **9-10**: 38-45.

Tandon, K.K. e Johal, M.S. (1983c). Occurence of phenomenon of growth compensation in Indian major carps. *Indian. J. Fish* **30**: 180-182.

Tandon, K.K. e Johal, M.S. (1996). Age and growth in freshwater fishes (Idade e crescimento em peixes de água doce). *Narendra Publishing House, New Delhi* 256-pp.

Thompson, D. W. (1910). The works of Aristotle translated into English under the editorship of J. A. Smith, M. A. Waynette Professor of Moral and Metaphysical Philosophy Fellow of Magdalen College and W. D. Ross, M. A. Fellow of Oriel College, Volume IV, Historia Animalium by D'Arcy Wentworth Thompson. Clarendon Press, Oxford.

Wells, B.K., Freedland, K.D. e Clark, L.M. (2003). Increment pattern in otolith and scales from mature Atlantic Salmon, *Salmo salar*. *Marine Ecology Progress Series* **262**: 293-298.

Printed by Books on Demand GmbH, Norderstedt / Germany